Dr Henri MANDOUL

Professeur agrégé à la Faculté de Médecine de Bordeaux

Médecin consultant à Barèges

BARÈGES

Station Thermale

ET

Station d'Altitude

PARIS

EDITIONS DE LA "GAZETTE DES EAUX"

3, Rue Humboldt, 3

—

1914

Dᴿ HENRI MANDOUL

Professeur agrégé à la Faculté de Médecine de Bordeaux

Médecin consultant à Barèges

BARÈGES

Station Thermale

ET

Station d'Altitude

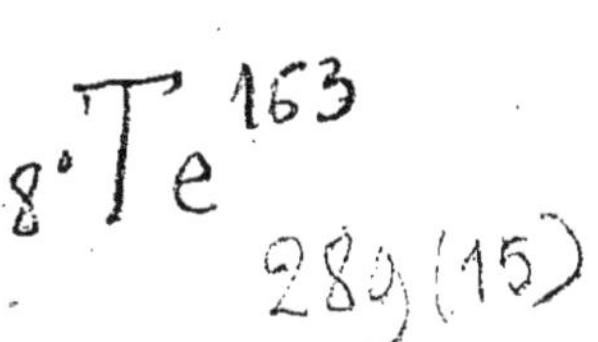

PARIS

ÉDITIONS DE LA " GAZETTE DES EAUX "

3, Rue Humboldt, 3

1914

Barèges station thermale
et station d'altitude

Par le Dr Henri MANDOUL

Professeur agrégé à la Faculté de médecine de Bordeaux

Médecin consultant à Barèges

Parmi les stations sulfureuses qui s'égrènent le long de la chaîne pyrénéenne, Barèges occupe une situation privilégiée. A la possession d'eaux sulfurées sodiques fortes douées d'une activité remarquable, elle joint les avantages de l'altitude. C'est, en effet, la ville d'eaux la plus élevée de France (1.232 m.) après Les Escaldas (1.350 m.). Encaissée au fond d'une vallée sauvage, dans un cadre de hautes montagnes couronnées de neige aux pieds desquelles un gave roule ses eaux tumultueuses, elle fut longtemps d'un abord malaisé. Mais l'accès en est devenu facile grâce à un service d'autobus qui fonctionne durant la saison thermale. De réputation ancienne consacrée par des cures célèbres, cette station a joui d'une vogue méritée ; victime aujourd'hui des caprices de la mode, elle est loin d'être appréciée à sa juste valeur. Dédaigneuse de la réclame, confiante en les seules vertus curatives de ses eaux, Barèges appelle à elle la foule de ses fidèles qui viennent chaque saison y suivre ses rites hydriatiques dans une atmosphère de calme et de recueillement. L'eau et l'air réalisent là une association thérapeutique dont on ne saurait retrouver ailleurs l'équivalent. Il y a donc lieu de préciser les effets qui ressortissent à chacun de ces agents et d'où découlent les indications respectives de la cure thermale et de la cure d'altitude.

I. — LA CURE THERMALE

L'eau minérale

Les eaux de Barèges se rangent dans la famille des sulfurées sodiques dont le groupe pyrénéen, si riche et si varié, fait de notre région le véritable empire du soufre.

Quatorze sources desservent les Thermes que l'ingénieur François édifia sur le lieu même où elles naissent. Captée sur place, à l'abri du contact de l'air extérieur, l'eau sort vierge, non adultérée, en possession de toutes ses propriétés, en particulier de ses émanations radioactives.

Dans un autre établissement plus modeste, placé à 6oo mètres de l'entrée de la ville, est exploitée une nouvelle source à laquelle le pharmacien Barzun a laissé son nom.

Le principe chimique qui caractérise cette eau est le monosulfure de sodium accompagné de produits sulfurés oxygénés, sulfites et hyposulfites (1). Le monosulfure varie de o gr. o2 à o gr. o4 par litre suivant les sources. La température de l'eau, en rapport avec le degré de sulfuration, oscille de 19° à 45°. Les sources le plus couramment employées sont à une température voisine de celle du corps humain, ce qui permet de les utiliser, avantage appréciable, telles quelles, sans chauffage ni refroidissement préalables.

Très stables, les plus fixes de la chaîne des Pyrénées, d'après Filhol, les eaux de Barèges conservent identique à lui-même leur principe sulfuré durant le temps de l'application. Aussi ne faut-il pas s'attendre à voir dominer parmi les gaz qu'elles dégagent, l'hydrogène sulfuré dont l'odeur est si caractéristique aux autres stations sulfureuses. Les bulles de gaz qui viennent crépiter à la surface de l'eau ne sont pas autre chose à Barèges que de l'azote suivi de « gaz rares », ses compagnons ordinaires (argon, hélium, etc.). La source Barzun est particulièrement riche en émissions

---

(1) Voici quelques chiffres complémentaires : hyposulfite de sodium, o,o1o7 ; silicate de sodium, o,o58o ; silicate de calcium, o,o1o8 ; silicate de magnésium, o,oo13 ; silice en excès, o o528 ; chlorure de sodium, o,o418 ; sulfarsénite de sodium, o,ooo2 ; matière organique (barégine), o,o3o8. Source Tambour. (D'après Willm et E. Jacquot, 1894.)

gazeuses, elle en renferme jusqu'à 26 cc. par litre. C'est à leur abondance qu'elle doit peut-être ses propriétés sédatives précieuses dans une station où les sources excitantes représentent la dominante.

Ces eaux sont aussi très riches en métaux comme l'établissent d'abord les analyses chimiques du professeur Garrigou (1) et ensuite les recherches spectrographiques de J. et G. Bardet. L'arsenic, l'ïode, le manganèse, le fer, l'argent, le cuivre, l'étain, le gallium, le germanium, le lithium, le molybdène et le plomb, tels sont les corps que ces travaux ont décelé. Le professeur Garrigou, le premier, a montré l'intérêt qui s'attache à la présence des métaux, même en quantité infiniment petite, dans les eaux minérales.

Une matière glaireuse, la *barégine*, sorte de gelée organique au sein de laquelle pullule tout un monde d'êtres microscopiques, sulfo-bactéries, infusoires, anguillules, etc., rend l'eau douce et onctueuse. Ces êtres jouent vraisemblablement un rôle dans l'action thérapeutique de l'eau. Peut-être contribuent-ils, en y déversant des produits de sécrétion, à leur conférer des propriétés voisines de celles des sérums organiques, à en faire en un mot de véritables « lymphes minérales ».

Nous voyons combien complexe est l'eau minérale et comprenons ainsi l'inanité des efforts de ceux qui s'imaginent réaliser, à l'aide de produits chimiques ou d'extraits, le bain de Barèges artificiel !

Les pratiques hydriatiques

A Barèges, comme aux autres villes d'eaux, on boit, on se baigne et on se douche. Cependant des différences apparaissent dans la mise en œuvre de cet appareil thérapeutique.

---

(1) Je ne saurais laisser passer ce nom, qui m'est particulièrement cher, sans exprimer à nouveau à mon maître et ami le professeur Garrigou mes sentiments d'affectueuse gratitude. Auprès de ce maître qui a ouvert les voies de l'hydrologie moderne, soit à l'Ecole d'Hydrologie médicale des Pyrénées à Luchon, soit à son Laboratoire si complètement outillé, soit à la Faculté de médecine de Toulouse, j'ai été à même de m'initier à la pratique thermale et de soulever les voiles du mystère des eaux minérales.

A côté des bains en baignoire, des bains locaux, des douches
à pression, des inhalations, des pulvérisations, etc., prennent
place des procédés balnéothérapiques spéciaux bien propres
à donner à la cure barégeoise ses traits caractéristiques. Ces
procédés balnéothérapiques seuls nous arrêteront. Ce sont
les piscines et les douches-étuves (1).

Les piscines sont établies dans des constructions massives
et surbaissées. Elles s'alimentent à l'aide d'eau courante à
36°, représentant le mélange des diverses sources des Thermes. Sous leurs voûtes basses se collectent les principes
gazeux émanés de l'eau qui en modifient l'air respirable.
L'atmosphère y est en effet particulièrement riche en azote
et en « gaz rares » (argon, hélium, etc.) ; l'hydrogène sulfuré
ne s'y trouve qu'en très faible quantité ; la température est
de 32°. Ces piscines, au nombre de trois, dont l'une est
réservée aux militaires, réalisent à la fois et d'une manière
très heureuse les dispositions du bain à eau courante, de
l'étuve humide et de la chambre d'inhalation.

L'aménagement des douches-étuves est basé sur le même
principe. Dans un réduit étroit et tenu clos, s'écoule par
simple déversement un filet d'eau à une température de 45°,
d'une hauteur de 1 m. 75. La composition de l'atmosphère
de ces réduits rappelle celle des piscines.

Les piscines et les douches-étuves représentent les procédés
balnéothérapiques les plus caractéristiques et en même
temps les plus actifs de la cure barégeoise. A ces procédés
et à l'eau minérale mise en jeu, Barèges est redevable de ses
plus beaux succès artisans de son ancienne réputation.

Il était bon d'insister sur ces points au moment où, de
tous côtés, l'attention est rappelée sur les principes émanés
des eaux et où l'on s'ingénie à les capter pour le plus grand
profit de la cure thermale.

Les bains alimentés par des sources d'activité différente,
les piscines et les douches-étuves composent une gamme
thermale complète, réalisant un instrument thérapeutique

---

(1) Voir, pour plus de renseignements : De l'utilisation des principes
émis spontanément par les eaux minérales. Une solution ancienne.
Dr H. Mandoul. Paris, 1913. *Gazette des Eaux.*

souple et varié qui, bien en mains, permet de graduer les effets depuis les plus faibles jusqu'aux plus énergiques.

Il est bon à ce propos de faire justice de certaines idées simplistes qui ont cours notamment parmi les habitués de la station. La plupart s'imaginent qu'il ne saurait y avoir de traitement vraiment efficace à Barèges hors de l'emploi des sources les plus actives et des procédés balnéothérapiques les plus énergiques, l'eau de la source Tambour et la douche-étuve, par exemple. Cette manière de voir crée un véritable danger. Un choix judicieux s'impose au médecin qui doit au contraire s'appliquer à rechercher l'eau et les procédés balnéothérapiques qui conviennent à chaque cas et à chaque sujet.

Les justiciables de la cure barégeoise

Les villes d'eaux tendent de plus en plus, en France, à se spécialiser. Elles s'organisent en vue du traitement optimum des maladies qui conviennent le mieux à leurs eaux. Il y a donc pour chacune d'elles des indications principales et des indications secondaires. Ces dernières, à leur tour, ne sont pas dénuées d'intérêt. Tel malade venu par exemple à Barèges à l'occasion de manifestations osseuses de la scrofule, doit avoir la possibilité de traiter en même temps les lésions de son rhino-pharynx qui ressortissent à la diathèse ; les membres de sa famille qui l'accompagnent, porteurs de dermatoses ou d'affections utérines, profiteront de leur séjour dans la station pour améliorer leur état.

Les blessés et autres porteurs d'affections des os et des articulations (1). — Barèges s'est taillé dans le traitement des blessures et des infections des os et des articulations, une place au premier rang. Elle est là vraiment sans rivale. Ses eaux méritent bien le nom d'*eaux chirurgicales*. La présence de l'Hôpital militaire, dont la lourde masse de pierre domine la ville et semble défier l'avalanche, est un éclatant témoignage de cette spécialisation. Les lésions traumatiques, aussi

---

(1) Voir : « Sur le traitement des affections des os et des articulations à Barèges. » Société d'Hydrologie et de Climatologie de Bordeaux et du Sud-Ouest, séance du 13 mai 1911 ; in *Gazette des Eaux.*

bien des parties molles que du squelette. les infections des os et des articulations, quelle qu'en soit la nature : blessures par armes à feu, armes blanches ou instruments de travail ; suites de fractures (1), d'entorses, de luxations, raideurs articulaires ou ankyloses fibreuses consécutives à une immobilisation prolongée ; ostéites simples ou tuberculeuses , ostéomyélites ; arthrites traumatiques, rhumatismales, blennorragiques, syphilitiques et tuberculeuses (tumeurs blanches, coxalgies, mal de Pott), représentent le vaste champ d'action de la cure de Barèges. Ses eaux sulfureuses fortes conviennent non seulement aux lésions fermées, mais encore et *même mieux* aux lésions ouvertes en communication avec le dehors par des trajets fistuleux, comme cela a lieu dans l'ostéomyélite, les tumeurs blanches, coxalgies, etc. Grâce à leurs « propriétés expulsives », ces eaux font merveille dans les cas de rétention dans les tissus de projectiles, de débris variés et de séquestres osseux, causes de suppuration interminable (ostéomyélite par exemple). On assiste alors, soit au cours même de la cure, soit quelque temps après, à une véritable crise de *xénophobie* de l'organisme, vraisemblablement en rapport avec l'exaltation du pouvoir phagocytaire, qui aboutit à la mobilisation et finalement à l'expulsion du corps étranger ou devenu tel par la mortification des tissus.

Barèges est ainsi le rendez-vous des mutilés et des claudicants. A elle vont : d'abord les héros de la guerre, mais les temps héroïques s'en vont ; les rivalités entre peuples s'exercent de nos jours plutôt sur le terrain économique ; de nouvelles recrues, les victimes du machinisme moderne, prennent

---

(1) D'après quelques auteurs, on ne doit adresser ces blessés à Barèges que longtemps après l'accident initial Les plus larges admettent un minimum de trois mois (BÉTOUS). D'autre part, les accidents de date trop ancienne ne seraient plus aptes à bénéficier de la cure thermale. Mais il n'y a là rien d'absolu. J'ai eu l'occasion de traiter un cas de fracture bimalléolaire datant à peine d'un mois, et j'ai d'autre part obtenu un très beau résultat chez une dame âgée de 70 ans qui avait eu une fracture de l'humérus quatre ans avant d'être venue à Barèges. La malade, qui avait peine, au début du traitement, à toucher son front avec la main, était capable, en fin de cure, de porter la main à la nuque et de se peigner sans aucune aide. A cause de son âge et de son état congestif, j'avais ordonné un traitement à Barzun (vingt-et-un bains). Le rhumatisme noueux des mains, pour lequel elle avait été adressée spécialement à Barèges, fut à son tour amélioré par ce traitement.

le chemin de notre station. Ce sont : les accidentés du travail, les rescapés des catastrophes de chemins de fer — beaucoup de ceux-ci tenaient leurs infirmités la saison dernière de la catastrophe de Saujon — les victimes de l'automobilisme, très nombreuses, et celles, plus rares, de l'aviation. Il n'est pas jusqu'au sport, cette forme moderne de l'esprit de combativité qu'exerçaient nos ancêtres à la chasse et nos pères à la guerre, qui ne fournisse son contingent de blessés.

Puis viennent les porteurs d'ostéomyélite et les nombreux diathésiques affectés d'arthropathies rhumatismales, syphilitiques et les tarés de la scrofulo-tuberculose. Combien de ceux-ci, envoyés à Barèges en désespoir de cause, lui sont redevables d'avoir échappé à l'amputation et d'avoir conservé un membre utilisable ?

Les scrofuleux et les lymphatiques. — Les déterminations osseuses et articulaires de la scrofule ne relèvent pas seules de la cure barégeoise. Les altérations du tissu lymphoïde, les adénites, en particulier celles qui sont fistuleuses, les végétations adénoïdes, les amygdalites, etc., le catarrhe des muqueuses, les lésions de la peau (scrofulides, impetigo, etc.), toutes les manifestations, en un mot, de la diathèse tirent profit de l'action anticatarrhale et remontante de la médication sulfureuse. L'association de la cure thermale et de la cure d'altitude crée pour Barèges une situation privilégiée dans le traitement de la scrofule et du tempérament lymphatique sur lequel se greffe habituellement cette diathèse.

D'ailleurs, les Eaux sulfureuses, Barèges en particulier, ont été très en faveur il y a une cinquantaine d'années auprès de ces sujets. De nos jours, un nouveau courant s'est établi vers les Eaux chlorurées sodiques et la Mer. Il est cependant possible de faire bénéficier les malades de la double cure sulfureuse et chlorurée en ajoutant à l'eau du bain des sels bromurés d'eaux-mères ou les eaux-mères elles-mêmes, suivant l'heureuse pratique préconisée par le professeur GARRIGOU, et adoptée ensuite par le Dr CAULET, de Saint-Sauveur. La présence de cet élément nouveau dans le bain renforce son action et permet aux nerveux excitables de supporter le contact des eaux sulfureuses fortes. Il y a encore avantage, comme le recommande l'illustre hydrologue toulousain, de faire alterner la cure sulfuro-chlorurée avec la cure marine. Pendant les fortes chaleurs de l'été, les sujets se rendront à la Montagne, ils iront ensuite à la Mer.

On ne saurait d'autre part trop engager les scrofuleux ou même les lymphatiques à venir tôt se soumettre à la cure thermale et climatique ; si ce n'est pour guérir, que ce soit au moins pour prévenir. J'ai déjà eu l'occasion d'insister sur ce point (1).

Les *syphilitiques*. — Les eaux sulfureuses sont les précieux auxiliaires de la médication spécifique. Aux intolérants du mercure elles rendent ce médicament supportable et accroissent son activité en rendant meilleure son utilisation. Le mercure immobilisé dans les tissus jusque-là inerte sinon nocif est remis en circulation et finalement éliminé. A l'action de ces eaux sulfureuses fortes qui conviennent tout particulièrement à l'avarie, Barèges joint les avantages de la cure d'altitude précieuse aux sujets anémiés.

Les *rhumatisants*. — Tous les rhumatisants ne relèvent pas de Barèges, seules les manifestations *chroniques* de la diathèse, à une période éloignée de la phase aiguë, surtout lorsqu'elles sont *fixées* sur une articulation ; celles des pseudo-rhumatismes, telle l'arthrite blennorrhagique par exemple, dans les mêmes conditions, répondent aux indications de la cure barègeoise. L'arthrite sèche, le rhumatisme noueux, la polyarthrite déformante, à la condition d'être traités de bonne heure, peuvent être enrayés dans leur évolution ou tout au moins améliorés au point de vue fonctionnel, les articulations devenant plus souples et jouant plus librement.

Les rhumatisants nerveux, les arthropathiques goutteux se trouvent par contre fort mal des eaux fortes des Thermes. Ils peuvent toutefois être traités à l'établissement de Barzun.

Les *herpétiques*. (2) — Les herpétiques viennent à Barèges

---

(1) Les Petits Bordelais à Barèges. *Journal de Médecine de Bordeaux*, Août 1913. N° 35, 561.

(2) Voir encore à ce sujet : « A propos du traitement des dermatoses par les eaux sulfureuses. » Société d'hydrologie et de climatologie de Bordeaux et du Sud-Ouest. Séance du 14 mars 1914 ; in *Gazette des Eaux.*

comme aux autres stations sulfureuses. Mais les eaux actives demandent à être maniées avec prudence. Elles conviennent aux dermatoses chroniques, torpides, peu irritables et développées de préférence sur le terrain lymphatique, telles, par exemple, l'acné vulgaire, l'acné rosée particulièrement tenace, l'eczéma et l'urticaire chroniques, l'ichthyose et avant tout les psoriasis. Cette dermatose squameuse réclame un traitement intensif par les sulfureuses fortes que Barèges réalise au maximum. Les résultats obtenus dans cette affection si rebelle aux moyens ordinaires sont des plus remarquables.

La source sédative et peu irritante de Barzun, plus baréginée, plus silicatée et plus gazeuse que l'eau de Thermes, élargit singulièrement le champ d'action de Barèges dans le traitement des maladies de la peau. Cette source doit avoir la préférence dans tous les cas ou une poussée aiguë ou une exacerbation de l'affection est à craindre. Je pourrais citer un cas intéressant à cet égard. Il s'agit d'un sujet atteint de sycosis simple étendu à toutes les parties velues de la face. A la suite d'un traitement à Barzun, le malade obtint une remission de l'infection pendant plusieurs années.

Les *paralytiques*. — Les affections du système nerveux que l'on peut traiter à Barèges sont peu nombreuses. Nous ne retiendrons que la paralysie saturnine et la paralysie infantile. Les saturnins, en outre de l'amélioration de l'état local, élimineront le plomb, l'eau sulfureuse se comportant envers ce métal de la même manière qu'à l'égard du mercure.

Le regretté Bétous a insisté sur les beaux résultats de la cure barègeoise dans la paralysie infantile. Prise au début avant que l'atrophie soit trop avancée, cette affection si tenace régresse et les petits infirmes se muent en citoyens valides. Je pourrais citer, comme cas intéressant, un de nos petits bordelais qui, lors de son arrivée à Barèges, était tout au plus capable de se traîner à quatre pattes. Sous l'action d'un traitement prolongé et répété pendant plusieurs saisons, le petit malade récupéra ses mouvements et reprit la station bipède.

D'autres affections sont susceptibles de bénéficier de la cure barègeoise. Nous avons eu l'occasion de parler des maladies du nez, de la gorge et des oreilles, si fréquentes chez les scrofuleux et les lymphatiques. Une installation appropriée (irrigations nasales, pulvérisations, inhalations) est aménagée à cet effet. Les résultats obtenus dans ces affections ne le cèdent d'ailleurs en rien à ceux que réalisent les autres stations sulfureuses.

Les maladies des organes génito-urinaires sont traitées avec succès auprès de la source Barzun dont les effets rappellent ceux de l'eau similaire de Saint-Sauveur.

II. — LA CURE D'ALTITUDE

La cure d'altitude stricte n'offre à Barèges aucune particularité. Surmenés, neurasthéniques, anémiques, y trouveront, avec un air vif et léger, la tranquillité que réclame leur état.

Il y a cependant, à mon avis, tout avantage, chaque fois que la chose est possible, de faire bénéficier ces malades de la cure thermale, de renforcer les effets de l'altitude par la médication sulfureuse. Les propriétés sédatives de la source Barzun sont particulièrement utiles dans ce cas. Des bains, des douches tièdes en pluie, administrés de préférence le soir, reposent des fatigues de la journée et viennent à bout de l'insomnie. Prise en boisson, l'eau de Barzun, très gazeuse (azote et « gaz rares ») réveille l'activité gastrique souvent défaillante chez ces sujets. Combiné avec la cure d'exercice, judicieusement établie, graduée avec soin, selon les forces du malade, ce traitement m'a donné de très heureux résultats.

Il me paraît enfin possible d'ouvrir à Barèges une voie nouvelle dans le traitement de l'anémie. D'une part, en effet, l'hyperglobulie de l'altitude ou plus exactement l'augmentation du nombre de globules rouges consécutif à un séjour prolongé aux lieux élevés est chose bien établie depuis les beaux travaux des professeurs Viault, Jolyet et Sellier, de l'Université de Bordeaux. D'autre part, d'après les recherches de Faure à Saint-Sauveur, Labbé à Luchon, Ch. Simon et Ameuille à Uriage, etc., les eaux sulfureuses auraient la propriété de relever le taux de l'hémoglobine du sang et d'accroître la valeur globulaire. Dès lors, ne serait-il pas possible, grâce aux effets convergents des deux cures menées de front à Barèges, de fixer par la médication sulfureuse les effets quelque peu éphémères de l'altitude? De nouvelles recherches sont à faire dans cette voie. Nul doute qu'elle ne conduise à des résultats thérapeutiques intéressants propres à accroître le champ d'action des eaux sulfureuses.

Il me paraît enfin bon de rappeler en terminant l'action remarquable de l'altitude seule (à partir de mille mètres) dans l'eczéma des nourrissons. Je connais une de ces jeunes victimes venue à Barèges après avoir épuisé toutes les ressources de la thérapeutique, couverte de lésions suintantes, de croûtes avec un état général précaire, qui repartit guérie de son éruption et en parfaite santé.

Les « Indésirables de Barèges »

Barèges, en vertu précisément de sa spécialisation si étroite, de l'âpreté de son climat, de la puissance de ses eaux, ne saurait convenir à tous les cas et à tous les tempéraments.

Une première catégorie d' « indésirables » comprend ceux qui ne peuvent s'accommoder du climat d'altitude : les cardiaques, les scléreux, les tuberculeux pulmonaires et certains nerveux chez lesquels l'insomnie s'accroît et l'appétit diminue.

Dans la catégorie de ceux que l'on doit tenir éloignés des Thermes, prennent rang : les malades atteints d'affections aiguës et les porteurs de tumeurs malignes et à plus forte raison les sujets de la catégorie précédente.

Résumé et Conclusions

En résumé :

Barèges revêt le double aspect d'une station thermale et d'une station d'altitude, chacune ayant ses indications propres et se prêtant un mutuel appui :

I. — Au point de vue thermal, Barèges se caractérise par ses eaux monosulfurées sodiques fortes, *très stables* et par des procédés balnéothérapiques particuliers (piscines et douches-étuves).

Les justiciables de la cure barègeoise sont :

1° *Les blessés et les infectés des os et des articulations*, dont le traitement représente la spécialisation de Barèges :

a) Les blessés de la guerre, des sports, de l'automobilisme, de l'aviation, les rescapés des catastrophes de chemin de fer et les accidentés du travail, affectés de plaies atones, d'ulcères, de suites de fracture, d'entorse, de luxation, de raideurs articulaires, d'ankylose fibreuse consécutive à une immobilisation prolongée.

b) Les infectés atteints d'ostéite simple, tuberculeuse ou syphilitique ; d'ostéomyélite, d'arthrite de nature traumatique, rhumatismale, blennhorrhagique, syphilitique, tuberculeuse (tumeurs blanches, coxalgie, mal de Pott), etc., que les lésions soient fermées ou même mieux ouvertes avec trajets fistuleux. Dans les cas de rétention de projectiles et autres corps étrangers égarés dans les tissus, et de séquestres osseux, les eaux de Barèges seront recherchées en vertu de leurs « propriétés expulsives » tout à fait remarquables.

2° Les *scrofuleux* et les *lymphatiques* ; les scrofuleux atteints ou non de lésions articulaires et osseuses : Adénopathiques, adénoïdiens, avec catarrhe des muqueuses (nez, gorge, oreilles, yeux) et porteurs de lésions cutanées (impetigo, scrofulides, etc,) ; enfin les lymphatiques simples.

3° Les *syphilitiques* anémiés et intolérants du mercure.

4° Les *rhumatisants* atteints d'arthropathies chroniques ; les porteurs d'arthrite blennorrhagique, d'arthrite sèche, de rhumatisme noueux ou de polyarthrite déformante.

5° Les *herpétiques* à lésions chroniques, peu irritables, et greffées de préférence sur le tempérament lymphatique : acné simple ou rosée, eczéma et urticaire *chroniques*, ulcères variqueux, et avant tout le *psoriasis*.

6° Les *paralytiques* atteints de paralysie saturnine ou de paralysie infantile. Cette dernière affection peut guérir à Barèges à condition toutefois que l'atrophie ne soit pas trop avancée.

II. — Enfin les justiciables de la cure d'altitude : Surmenés, anémiques, chlorotiques, neurasthéniques et les jeunes sujets atteints d'eczéma du nourrisson.

Les « Indésirables » de Barèges sont représentés par les sujets atteints de maladies aiguës, de tumeurs malignes, les cardiaques et les tuberculeux pulmonaires.

Issoudun. — Imp. H. GAIGNAULT, 15, rue Victor-Hugo.